人类故事开始了

我的第一套
人类简史
（精选版）

王大庆 ◎ 编著
[波兰] 帕维尔·齐奇 ◎ 绘

明天出版社·济南

图书在版编目（CIP）数据

人类故事开始了 / 王大庆编著；（波）帕维尔·齐奇绘. — 济南：明天出版社，2022.3
（我的第一套人类简史：精选版）
ISBN 978-7-5708-1262-2

Ⅰ.①人… Ⅱ.①王… ②帕… Ⅲ.①人类起源－儿童读物 Ⅳ.① Q981.1-49

中国版本图书馆 CIP 数据核字 (2021) 第 225851 号

WO DE DI-YI TAO RENLEI JIANSHI JINGXUAN BAN

我的第一套人类简史（精选版）

RENLEI GUSHI KAISHI LE
人类故事开始了

王大庆 / 编著　　［波兰］帕维尔·齐奇 / 绘

出版人 / 傅大伟
选题策划 / 冷寒风
责任编辑 / 刘义杰　何 鑫
特约编辑 / 李春蕾
项目统筹 / 李春蕾
版式统筹 / 纪彤彤
封面设计 / 何 琳
出版发行 / 山东出版传媒股份有限公司
　　　　　明天出版社
地址 / 山东省济南市市中区万寿路19号
http://www.sdpress.com.cn　　http://www.tomorrowpub.com
经销 / 新华书店　　印刷 / 鸿博睿特（天津）印刷科技有限公司
版次 / 2022年3月第1版　　印次 / 2022年3月第1次印刷
规格 / 720毫米×787毫米　12开　3印张
ISBN 978-7-5708-1262-2　　定价 / 18.00元

版权所有，侵权必究
本书若有质量问题，请与本社联系调换。电话：010-82021443

目录

世界从哪儿来的	4
生命的大爆发	6
"站"起来的古猿	8
直立人诞生啦	10
得了块肉，是烤还是烧？	12
真正的现代人类——智人	14
智人的远行	16
不同的人类相遇了	18
从未停止思考的大脑	20
智人胜利了	22
植物也能被"驯服"	24
智人和动物的故事	26
捏泥巴做个罐子	28
人类与神明	30
文明的萌芽	32
大洪水传说	34
世界大事年表	36

世界从哪儿来的

世界从哪儿来的呢?

从古至今,人类一直在寻求这个问题的答案。一些人相信世界由神创造,另一些人则认为世界自古就存在,也有一些人认为世界是在宇宙大爆炸后开始形成的。

《圣经》中,上帝用六天时间创造了世界,包括人类的始祖亚当及其妻子夏娃。他们都生活在伊甸园里。

部分古埃及人曾认为:远在世界出现之前,全能的神就已存在,他通过一次次的呼唤,创造出万物,最后他道出"男人"和"女人"。转眼间,世界上就住满了人。

在古希腊,人们曾相信神诞生于混沌中。众神逐渐创造了世界。

在中国,盘古开天辟地的传说广为流传。古人认为,盘古的身体化为世间万物。后来其他的神,比如女娲、伏羲,一起创造了更丰富多彩的世界。

在浩瀚的宇宙里，有一个无限小、无限紧密的"点"突然爆炸了。转眼间，宇宙空间开始膨胀，并陆续出现了大量不同形态的物质。一些东西藏了起来，它们不想被人发现——哦，这个时候还没有人呢，地球也不存在，就连闪闪发亮的星星也是很久很久之后才诞生的。

又过了很久，地球终于诞生啦！有趣的是，地球在几百万年恶劣的天气下完成了自我冷却，形成了陆地和海洋。又过了很久，单细胞生命悄然出现，然后逐步进化为各种各样的生物，最后人类出现了。我们的故事开始了。

刚诞生的地球是颗不折不扣的大火球。地球上的环境特别糟糕，不仅充满灼热的岩浆，还有频繁的火山活动。

生命的大爆发

在很长一段时间里，生命只存在于海洋，大陆表面没有一丝生机。到了大约5亿年前，海洋里有了多种多样的生物。

> 别找了，这里还没有人类。

> 就连人类的祖先都没有出现！

历史知多少

人类发现的地球上最古老的生命证据来自叠层石。最古老的叠层石距今约35亿年，是由蓝藻等原始生物沉积而成。

三叶虫的存在时期约为6亿年前到2.3亿年前。它们种类丰富，是当时非常重要的"地球居民"之一。

泥盆纪时鱼类极为繁盛，该时期又被称为"鱼类时代"。

海水时涨时落，一些植物被留在了陆地上，成为率先登陆的"敢死队"。别小瞧它们，作为打头阵的敢死队，它们离开海洋，不仅在陆地上顽强地生存了下来，还逐渐改变了陆地环境，让陆地向适宜它们生存的方向发展。有了它们铺路，动物类的先祖也登上了陆地。

> 我们并不是自愿来到陆地上的。

> 留在陆地上倒也不错。

经过一个非常漫长的过程后，陆地上有了多样的生命。非常有名的"地球霸主"——恐龙诞生了，它们"统治"地球很长一段时间。约1亿年前，地球上还生活着各种各样的恐龙。然而有一天，恐龙突然从地球上消失了。

恐龙是目前地球上生存时间最长的陆生脊椎动物。

由于某些原因，大批恐龙死了。我们却在恶劣的环境中生了存下来。

恐龙灭绝后，存活下来的哺乳动物不再遭受恐龙威胁，它们逐渐进化。慢慢地，哺乳动物就在动物界占据了统治地位。

这个时候你可以看到一些熟悉的身影——古猿。它们生活在树上，正悄悄地观察着地面上的情况。人类的祖先即将登场了。

"站"起来的古猿

有的古猿拥有灵活的双手，能轻松地在树上攀爬。

中新世纪末期，全球环境发生剧烈变化，多种古猿赖以生存的生态环境恶化，致使部分古猿灭绝。

而在某些地区，一部分古猿来到了地面，它们因为四脚着地，行动不便，所以说，在地面上活动，对它们来说是件非常危险的事情。

古猿从树栖生活转变为地栖生活，为它们演变成人奠定了基础。

后来，在地面生活的一部分古猿逐渐"站起来"了。经过漫长的演变，古猿的种类变得丰富起来。有的朝着人的方向进化，有的则成了其他猿类的祖先。

直立行走有几个好处：打斗时更有气势；便于长途迁徙；能看得更远；解放双手，便于制造和使用工具。

有的古猿仍保留了指关节行走的方式。

猛兽威胁着古猿的生命安全，古猿需要找到方法予以应对。某一天，它们意外地发现了一块边缘锐利的石头。古猿发现这块石头很容易划破动物的皮毛，于是它们开始寻找和尝试制作这样锋利的石头，以此作为武器。

因为古猿会使用武器，所以即便是那些强大的动物，也会避免与几十只古猿起冲突。

大约250万年前，一支南方古猿逐渐发展成了能使用原始方法制造石器的"能人"。

历史知多少

能人是迄今所知人科中最早的人属成员，他们的体质形态比南方古猿进步，而且已能成功狩猎中等大小的动物。

几种古老的"原始人类"

乍得撒海尔人被认为是人科进化主线上的最早代表。

地猿被认为是南方古猿与人属动物的直系祖先。

南方古猿分为粗壮型和纤巧型两种。据研究，纤巧型南方古猿已经开始吃肉了。

直立人诞生啦

相较于直立人，能人的体质形态和平均脑容量更为原始。

直立人可以完全直立活动，而且打磨工具的本领比能人更高。

在距今约180万年前，直立人出现了。他们还残留着部分猿的特征。虽然直立人眉骨突出、脑颅狭长，与现代人有着明显的差别，不过已经比能人更接近现代人类了。

非洲和欧洲的直立人经常用特定的方法打制出一种叫作手斧的石器。他们不只追求工具的实用性，还希望工具更漂亮。

直立人的化石遗存最初发现于印度尼西亚爪哇岛，而后又在欧洲、亚洲、非洲的多个地区被相继发现。这证明直立人活跃在多个地区。经研究，不同的生活环境使各地的直立人拥有不同的特点。

中国是发现了众多直立人化石的国家之一。

生活在非洲肯尼亚的纳里奥科托姆直立人的身高可达 188 厘米，而北京猿人男性的身高仅 156 厘米左右。

得了块肉，是烤还是烧？

轰隆隆——

几十万年前的一天，雷声轰鸣。住在附近山林中的一群直立人被惊扰，他们爬到高处张望：原来，一道闪电劈到森林里，燃起了熊熊大火。大胆的直立人在山火逐渐熄灭后，走进了烧焦的森林。这时，一股从未闻过的香味吸引了他们。不远处有一头被大火烧熟的野猪！

> 有一个胆大的直立人割下一块被大火烧熟、还滋滋冒油的肉放进嘴里。熟肉的美味让他惊喜。

> 有些更大胆的直立人，折下了未燃烧完的树枝，尝试将木棍靠近树枝上的火焰，发现木棍被点燃了。他们就这样将火种带回了营地。

火给人类带来了光明和温暖。火堆整夜燃烧，即便是最凶猛的野兽也不敢轻易靠近直立人聚居的地方。

据说，原始人类消化肉的能力没有野兽强大，在漫长的一段时间里，人类吃不了生肉。但是肉能带来更多的能量。直立人发现，被火烧过的肉不仅变得更香，而且多吃一点也不会肚子疼。人类从此便开始了"烹饪"的探索之旅。

直立人开始利用火驱赶野兽以及捕猎。

有人认为,为了保留火种,直立人不断地尝试去烧各种东西。他们发现火会自己熄灭,也会因为遇到水而熄灭。一些直立人开始肩负保护火种的责任,尤其是在夜晚,他们不断地丢入树枝等可燃物来保留火种。

火能为人类提供温暖,帮助人类走向更远、更冷的地方。

火是危险的,因此看护火种的人不仅要保护火种,也得当心不要引发火灾。

真正的现代人类——智人

你或许不会相信，地球曾经长期处于寒冷的状态，即使在夏天，也十分寒冷。巨大的冰层覆盖着大地，就像把地球冰冻起来了一样。真正的现代人类——智人，就曾生活在这样寒冷的世界里。

为了抵御寒冷，动物大多进化出了厚厚的皮毛。但智人的毛发短且稀少，他们没有像其他动物一样进化出厚密的体毛，而是穿上了衣服！

大人教孩子收集植物纤维、贝壳以及打磨骨针的方法。这些生活技能由此传承下来。

做衣服可不是件容易的事，但是聪明的智人想到了办法：
❶ 精准地分割动物皮毛。 ❷ 收集脱落的植物纤维。
❸ 磨制骨针，将植物纤维穿入针孔。 ❹ 将动物皮毛缝制成衣服，并将动物的牙、贝壳做成各种首饰。

出去狩猎的成员带回了足够多的食物。头领正在考虑如何分配食物。可别小看分配食物这个工作，若是分配不公，可会引起争斗哟！

历史知多少

人类学家把人类发展的过程分为了"猿人""古人"和"新人"三个阶段。古人和新人也分别被称为"早期智人"和"晚期智人"。

擅长制作工具的智人成了活跃的捕食者。为了更好地捕捉猎物，他们创造了弓和矛，这样就能远距离追逐猎物了。

头领将根据成员的分工来分配这些食物。对于老人和孩童，他会适当多分一点。他也会减少那些不努力工作的人的食物，而把食物给予那些努力工作的人。

智人的远行

对于晚期智人的起源,主要的学说为非洲起源说。学者认为,智人为了生存下去,不得不离开舒适的故乡,走向未知的世界。他们的足迹远达大洋洲与美洲。

食物的匮乏如同死神一般紧紧地跟随着智人,迫使他们离开家乡去寻找新的生存之地。头领要确保所有族人安全地转移,他的脑袋飞快运转,思考着该朝哪里走。

他们放火烧了森林,占据了这个地方。据说,因为桉树耐火、耐高温,所以即便许多植物都灭亡了,桉树仍然存活着。

部分智人抵达澳大利亚,看到了一个新奇的世界:高大的袋鼠、体型庞大的袋狮和巨大的树袋熊,以及不会飞的鸸鹋(érmiáo)。

与野兽相比，智人虽然在体型和力量上不占优势，但他们拥有很高的智慧，正如他们的名字一样。智人拥有制造武器、布设陷阱、合作捕猎的能力。在他们制造的众多武器中，最具代表性的是克洛维斯矛尖。这种精工打造的石器由燧（suì）石制成，边缘锋利，是攻击性很强的武器。

据说，人类的猎杀是很多巨大野兽消失的原因之一。

智人到达美洲不久，就成了这片土地上的强者。那些凶猛的野兽几乎算不上人类的敌手。

不同的人类相遇了

离开家乡的智人在各地遇到了其他人类。

丹尼索瓦人生活在高原地带，他们成功地适应了高原上高寒缺氧的环境。

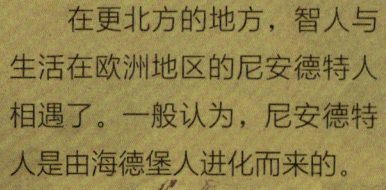

在更北方的地方，智人与生活在欧洲地区的尼安德特人相遇了。一般认为，尼安德特人是由海德堡人进化而来的。

尼安德特人不仅能制作刮哨器和三角形尖状器，而且已懂得埋葬死者和放置陪葬品。

有人大胆地猜测：智人拥有相对系统化的语言，能传达出更多的信息，所以他们更容易在险恶的环境中存活下来。而尼安德特人的语言系统不发达，这导致他们不能很好地交流以及分享经验。因此，即使他们身体强壮，却还是因为无法适应环境而被淘汰。

一个倒霉的智人

1 他在寻找食物时被凶猛的野兽咬伤了，仓皇逃回营地。

2 他露出伤口，把事情的经过告诉他的族人。

3 他的族人便不会再到那个有危险的地方去了。

一个倒霉的尼安德特人

1 他也经历了危险，死里逃生回到营地。

2 但是他只会手舞足蹈地乱嚎。族人对他表示同情，却不知道他究竟想说什么。

3 不久之后，又有一个尼安德特人去到那里，但他没有机会活着回来了。

从未停止思考的大脑

人类不是唯一拥有大脑的生物,但是人类的大脑从很久之前就开始不断地进化,功能越来越强大。大脑的进化使人类可以制作和使用工具,让人类一跃成为自然界食物链顶端的生物。而饮食的改变让人类的大脑得到了更充分的发展。

又过了很多年,神经干细胞出现,大脑开始在生物体中形成。

古菌是地球上最古老的生命形式。后来,它们"粘连"在一起,形成了早期的多细胞生物。

至夸,大脑发育相对稳定

据说,越来越大的脑袋使得人类婴儿不得不在脑袋发育完成前,"提前"出生,否则很难被生出来。

未发育完全的大脑还不能很好地控制身体,因此人类婴儿需要后天学习走路等技能。而小马、小鹿等,在出生后不久就能跑能跳了。

大脑可以接收外界信息、储存记忆、提取记忆和分析记忆,还可以控制各个器官、协调肢体动作,是人体的总司令。

更大、更发达的大脑让人类站到了自然界食物链的顶端,脱离了野蛮的原始生活,创造了音乐、绘画甚至信仰。

大脑进化带来的改变

① 视觉系统更加完善，人类能够辨别更多的颜色。在此之前，人类仅能辨别几种颜色。

② 面部能做更多的表情。

有人认为，恐龙的大脑可能与小型的哺乳动物的大脑一样小。

③ 语言系统的建立。人与人之间可以通过语言分享经验。

④ 能够制造工具，发现自然规律，总结经验。

⑥ 最初，古猿与普通猩猩的大脑并无太大区别。后来，也许是某一基因的突变，古猿的大脑开始进化，并遗传给下一代。

历史知多少

游戏、阅读或者学习一项技能，都能使大脑得到锻炼，让人变得更聪明。

丰富的食物为大脑的进化和发育提供了更多能量，而渐渐发达的大脑又让人类有了更多获得食物的方法。

智人胜利了

如何在恶劣的环境下生存，是人类在进化过程中面临的巨大挑战。显然，在适应环境方面，智人获得了成功。

> 我们正在建造新的家园，希望能在这里多住一阵子。

在很久之前，人类建造起了能供大家居住的部落和村庄。

> 上一个家园其实挺好的，如果不是因为食物都被吃光了的话，真不想离开。

为了防止野兽入侵，人们需要制作栅栏和各种保护装置。

> 我叫大鼻子，现在我正在巡逻。你想跟我一起走走吗？我可以给你讲讲我们祖先的故事。

人们需要拔除或焚烧周边有毒的植物，以免有人误食。

据说，在大约1.28万年前，地球再一次开启了长达千年的寒冷时期，生物大量灭绝，但耐寒的仙女木仍旧顽强地存活了下来，因而这时期又被称为"新仙女木时期"。智人们凭借强大的适应能力和生存技能，度过了这漫长的寒冷时期。

一群智人在村外设下陷阱,捕获了猎物。这种团结合作的技能一代一代传承了下来。

更发达的大脑使智人善于学习和思考,他们很快就掌握了生存技巧。

周边的树林里,巫师正在为新家园祈祷,人们随着音乐跳起祭祀之舞。

智人在已经消失的尼安德特人身上学到了一些技能。

迁徙是早期人类求生的主要方式之一。但是,迁徙过程中不断变化的环境很容易让人变得虚弱,使得他们患病的概率大大增加。因此,无法适应新环境的人类,渐渐被淘汰了。

疾病真的很可怕,它总会时不时地暴发。人越多,疾病出现得越频繁。不过我们总能想到办法应对。后来,我们还发生了一些有趣的故事,请继续往后看吧。

植物也能被"驯服"

无论智人走到何处，他们的目的依然只有一个——生存，而生存必不可少的就是食物。采集和狩猎始终是人类谋生的主要手段，直到有一天，人类有了一个新的发现……

人类想要尝试种植粮食，这需要很长的时间去观察和实验。好在最终，人类还是学会了种粮食。

善于观察的智人发现一些谷子可以长成新的植株，结出更多的谷子，于是他们想：如果把谷子撒在特定的地方，谷子是不是就能在这个地方生长出来，我们也就不用漫山遍野地四处去寻找了？

哎呀，谷子都掉了！

上次掉了谷子的地方又长出了新谷子。

把谷子撒在土里，明年我们就有更多新谷子了。

生活在不同地区的智人，在某些因素的作用下，于不同时期，开启了耕种、驯化之路。

西亚地区
人类主要种植小麦、豌豆。

东亚地区
人类主要种植水稻、小米。

美洲地区
人类种植的玉米和土豆成了他们的粮食。

新几内亚
人类种植了甘蔗等水果。

水稻是个好东西。但是这一时期的水稻是趴在地上的，就像一丛乱草。风一吹，稻谷就撒得满地都是。种植水稻的人类深受其苦。

历史知多少

农业劳作是一件非常辛苦的事情，需要花费不少时间和精力。因此，有人猜想：这些无法一起迁徙的农作物可能是人类渐渐定居的原因之一。

后来人类发现有一部分水稻是直立生长的，且不容易落粒。于是这部分水稻结出的稻谷就被精心挑选出来留作种子。经过很长一段时间的筛选和育种，水稻成功"站"起来了。

> 直立的水稻真稀奇。如果所有水稻都直立生长，该有多好哇。

> 终于让我种出了直立的水稻。

生活在美洲地区的人类也用这样的方法"挑选"出了适合种植的玉米。

相传，玉米的祖先结出的棒不仅坚硬细小，而且种子零散。

经过美洲人一代代地培育，玉米变成容易剥壳、籽粒饱满的模样。玉米的种子已经不会自主散落、传播，而是要由人类来播撒，否则难以繁衍。

农耕为人类带来了充足的食物，养育了更多的人。人类逐渐壮大起来。

智人和动物的故事

狼惧怕人类，通常情况下不敢靠近人类。捕猎成功后，人类带走了足够多的食物，狼这才敢慢慢靠近，去吃剩下的食物残渣。

遇到猛兽时，狼群需要依赖人类的智慧和武器，而人类也常常会把部分骨头和肉留给狼群。

据说，愿意接近人类的野狼大多是因为它们被狼群排挤，又不能独立生存。它们希望从人类这里得到食物，才走进人类的世界。

嘿，我是大胡子。我的朋友大鼻子让我给你讲讲我们和动物的故事。

早在一万年前，人类就遇到了狗的"祖先"——野狼。当人类从采集、食腐转入"狩猎大军"时，便开始了与野狼的合作。

人类外出狩猎时发现落单的小狼崽，会将它们捡回住所悉心照料。

时间久了，一部分与人来往的狼逐渐进入人类的世界，被人类饲养，成为"家狼"。这时的狼还是狼，并不是狗。它们仍然保持着狼的凶残本性，只是比野狼更依赖人类。

人类饲养猪的目的似乎一直没变——猪是极好的"储备粮"。猪作为杂食性动物，有着强大的脾胃消化功能，因此它们成为易养活的动物之一。

在捕捉到野猪幼崽后，人类决定把它们喂养长大，这样就能得到更多的肉。

因为被人类长期圈养，野猪逐渐失去了野性。

啥都敢养的人类，没有忘记蛮力十足的牛。被驯化了的牛以役用为主，被用来耕地、拉车，成为人类的好帮手。

捏泥巴做个罐子

相传,人类偶然发现被火烧过的泥土会变硬。于是,人类开始了"烧泥土"的活动。他们将湿泥土捏成不同形状,并把它们放到火里,最终烧出了各种原始的陶器。

人们可以用陶器煮汤和制作流食,人类的饮食习惯也因此发生了改变。

没了牙齿的老人、没长牙齿的孩子都能吃上熬煮得软烂的食物了。生病的人也能有汤药喝了。

历史知多少

据说,早在人类的祖先与黑猩猩的祖先"分道扬镳"之前,它们就具备了消化酒的能力。

为平安的一天,喝一杯。

能制作陶器的人类,又掌握了一项新的技艺——酿酒。

陶器作为生活必需品，在人类世界的价值越来越大。制陶也成了一些人的职业。这些制陶人潜心研究，根据不同需求制作出不同的陶器，他们还在上面绘制图案，使陶器逐渐精美起来。

相传，中国的陶器源于神农氏时代。

此时的陶器以普通陶土为原料，经过选料、捏练成型、修饰、干燥和熔烧而成。

陶器除了盛装东西外，人们也用它来祭祀神明和祖先。一些陶器上还饰有代表着各种特殊意义的符号。

人类与神明

通过尝野草，去发现它们的"功效"，这是极其危险的方法，千万不能模仿。

当时的人类用尽一切办法为病人治疗，哪怕这些办法充满了迷信色彩。

不管是古猿还是更高级的智人，表达情绪是他们共同拥有的能力。尤其是一起生活的同伴永远离开时，人类开始用一定的仪式来表达哀思——祭奠由此而来。

鱼的数量非常多，因此人类崇拜鱼，希望能像鱼一样子孙兴旺。

一些不能被解释的事情，成了神话传说广为流传。其也体现在某些陶器上，这些图案可不仅是简单的装饰，也是人类的信仰。

人类还创造了图腾，用图腾代表氏族。

对生命的敬畏，让人类也逐渐意识到，伤害别人是件糟糕的事。如果有人伤害同伴，会受到严厉的处罚。

遇到自然灾害时，人类会认为这是因为自己做了错事，惹得神明发怒了。灾害，是神明降下的惩罚。

为了平息神明的愤怒，人类献上了大量珍贵的物品。

在没有科学知识和法律制度的时代，人类凭借这些信仰凝聚在一起，变得越来越强大。做了错事，人们会受到惩罚，做了好事，也能得到褒奖。一部分人还试图与神对话，传达命令，让族人遵从。

文明的萌芽

在一些地方，人们不辞辛劳地在大地上竖立起沉重的石头，将它们围在一起，庄严肃穆。他们也许是将此作为敬拜神明的"圣殿"，也许是利用它观察天象，发现自然的规律。无论是何缘由，这都是一件大事，需要人类强大的信念来驱动。

在非洲大陆上，有一个古老的国家——古埃及，他们在尼罗河两岸建造宏伟的宫殿，塑造属于他们的符号。

世界各地依然散布着一些小部落。人们住在简陋的栅栏屋里，依旧靠着采集、狩猎为生。并不是这些人不够聪明，而是恶劣的环境使得他们没有进化出自己的文明。

许许多多的小部落在美索不达米亚平原上相互融合。终有一日，它们会变成拥有高大城墙的城邦。生活在这里的人创造了人类早期文明。

在世界各地，无论是崇拜太阳的人，还是崇拜月亮的人，他们都在努力地将自己所知、所学以及所信仰的东西展示给更多人，并希望这些东西能一代又一代地传承下去。

人类的数量不断增加，但是拥有相同祖先的人们却因为各自居住的环境和气候的不同，演变出了不同的外貌特征。

生活在寒冷地带的人类肤色较白、发色较浅。

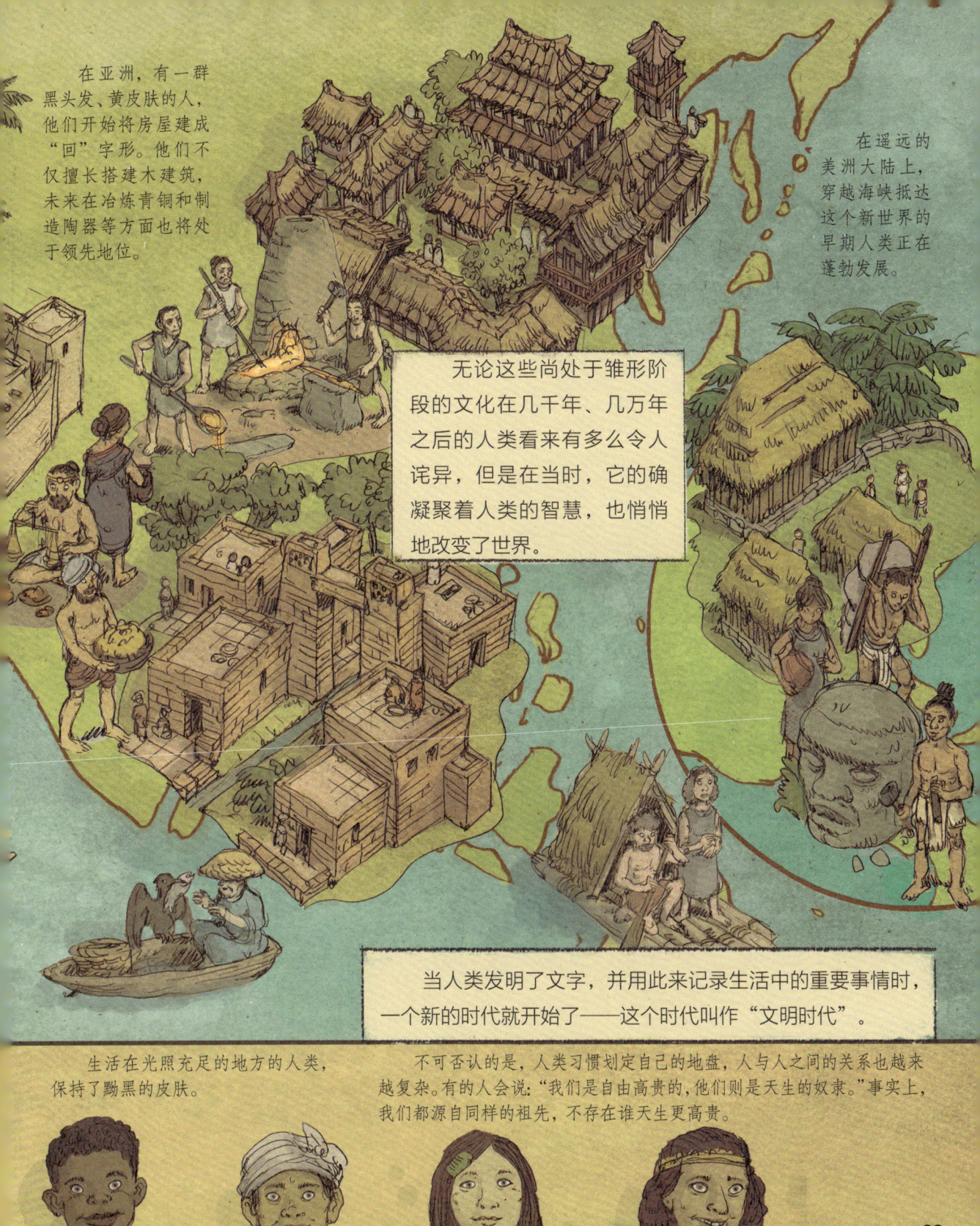

在亚洲，有一群黑头发、黄皮肤的人，他们开始将房屋建成"回"字形。他们不仅擅长搭建木建筑，未来在冶炼青铜和制造陶器等方面也将处于领先地位。

在遥远的美洲大陆上，穿越海峡抵达这个新世界的早期人类正在蓬勃发展。

无论这些尚处于雏形阶段的文化在几千年、几万年之后的人类看来有多么令人诧异，但是在当时，它的确凝聚着人类的智慧，也悄悄地改变了世界。

当人类发明了文字，并用此来记录生活中的重要事情时，一个新的时代就开始了——这个时代叫作"文明时代"。

生活在光照充足的地方的人类，保持了黝黑的皮肤。

不可否认的是，人类习惯划定自己的地盘，人与人之间的关系也越来越复杂。有的人会说："我们是自由高贵的，他们则是天生的奴隶。"事实上，我们都源自同样的祖先，不存在谁天生更高贵。

大洪水传说

动物们疲惫地迁徙，不断寻□源。经验丰富的首领能够带□熬过艰难的干旱期。

水不仅是人类赖以生存的必□品，也是世界万物的生存所需。□然它也会时不时地带来一些麻□——太少时，干旱会夺去万千生命，太多时则引发洪涝灾害。

水不会凭空消失，也不会凭空出现。它遵循着一个规律：从天上落下来，滋养大地；从地表蒸发，飘到天上，形成云。

许多大江大河的源头，都出自巍峨的山川。高山上的雪化成水后，形成涓涓细流，涓涓细流又汇聚成绵延万里的江河。

草原是某些动物赖以生存的场所。然而，干旱让草原变成一片黄土。草原唯有等待雨季来临，才能焕发新生。

肺鱼在泥潭里四处奔窜，周围都是捕食者。一部分肺鱼不幸成为捕□者的口粮，但是大部分肺鱼逃过一□，它们在河床淤泥中做洞，等待干□河道再次灌满河水。据说肺鱼能□壳里不吃不喝地休眠6个月。

在中国神话中，女娲用石头补天，堵住了滔天的洪水。

□类总免不了要与洪水"对抗"，各种关于□洪水的故事因此诞生。

沿河而居的人们不仅要应对干旱，有时候还会面临洪水的侵袭。

村庄被洪水淹没，人们只能放弃家园，躲到高山或者高地上去。等洪水退去，一些人会再回到这里重建家园。另一部分人，则被迫离开故乡向其他地方转移。

为了应对时常暴发的洪水，一些人建造了疏通洪水的工程。

在美索不达米亚的神话中，英雄乌塔-纳匹西丁战胜了洪水。

据《圣经》记载，上帝降下惩罚，用洪水毁灭世界，只有乘上方舟的诺亚一家及其所带的动物安然无恙。

世界大事年表

世界诞生

大爆炸宇宙论的学者认为，所有星体的年龄应小于150亿年。

在中国神话中，天地一片混沌，盘古在混沌中孕育成型。

古猿诞生

约4000万年前，人类先祖——古猿出现了。

在中国神话中，盘古开天辟地，女娲创造了人类。

距今约240万~160万年

非洲的能人已经会制造、使用工具了。

研究表明，约170万年前，中国云南生活着元谋猿人。

人类进入新石器时代，出现了农业。人类开始饲养家畜、使用磨制石器和学会制作陶器。

考古证明，世界上最早的普通栽培稻出现在中国。

距今约180万~20万年

世界多地都生活着直立人。

北京猿人能够制作较精致的石器，使用自然火烧烤、照明、取暖。

距今约1.2万年

两河流域的人们开始种植小麦等农作物。

中国人此时可能已将野猪驯化为家猪。

距今约1万年